# 小学气象科普研学读本

### 黄静蕾 李莉茹 主编

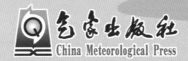

气象出版社
China Meteorological Press

**图书在版编目（CIP）数据**

小学气象科普研学读本 / 黄静蕾，李莉茹主编 . --

北京：气象出版社，2020.12

ISBN 978-7-5029-7337-7

Ⅰ . ①小……  Ⅱ . ①黄…… ②李……  Ⅲ . ①气象 – 小学 –
课外读物 Ⅳ . ① P4-49

中国版本图书馆 CIP 数据核字 (2020) 第 237075 号

小学气象科普研学读本

Xiaoxue Qixiang Kepu Yanxue Duben

黄静蕾 李莉茹 主编

出版发行：气象出版社

地　　址：北京市海淀区中关村南大街 46 号　　　　邮　　编：100081

电　　话：010-68407112（总编室）　　　　　　　010-68408042（发行部）

网　　址：http://www.qxcbs.com　　　　　　　　E - mail：qxcbs@cma.gov.cn

责任编辑：颜娇珑 邵 华　　　　　　　　　　　　终　　审：吴晓鹏

责任校对：张硕杰　　　　　　　　　　　　　　　　责任技编：赵相宁

封面设计：徐 娜 马 磊

印　　刷：天津新华印务有限公司

开　　本：787 mm×1092 mm 1/16　　　　　　　印　　张：4.75

字　　数：70 千字

版　　次：2020 年 12 月第 1 版　　　　　　　　　印　　次：2020 年 12 月第 1 次印刷

定　　价：25.00 元

# 《小学气象科普研学读本》

## 编委会

总策划： 肖伟军　　温　晶
策　划： 徐永辉　　赵湛明
顾　问： 康雯瑛　　邵　华
主　编： 黄静蕾　　李莉茹
编　委： 邝代忠　　胡　茵　　于　佳
　　　　 杨　丽　　冯雍晴　　许民浩
　　　　 卢伟明

## 《小学气象科普研学读本》

## 鸣 谢
（按姓氏首字母排列）

陈绿文　　董永春　　欧善国
伍红雨　　张伟民　　张　毅

# 前 言

　　随着我国科学技术的不断发展，人们的综合素质快速提升，气象服务直接关系到社会发展、经济建设和人们的日常生活。近年来，极端天气气候事件频繁发生，防灾减灾形势严峻复杂，各类灾害风险日益凸显，因此加强气象防灾减灾教育，提高公众的防灾避险、自救互救能力对于缓解人员伤亡和减少经济损失尤为重要。

　　气象科学是与人们关系最为密切的身边科学，因此，气象科普活动历年来被人们所重视，尤其是针对青少年所开展的气象科普活动，历史最为久远、对象最为广泛、方式最为多样。广州市花都区气象局气象天文科普馆（以下简称科普馆）自 2017 年被评为首批全国中小学生研学实践教育基地以来，立足全国示范校园气象站，致力创建气象科普研学课程体系与运作形式。组建研学师资团队，定期开展教学交流及气象课堂实践，以"科学知识 + 动手实践 + 课后拓展"三位一体的教育模式，融合气象知识、科学实验、编程开发等内容，让学生在寓教于乐的课堂氛围中提升实践分析能力与防灾减灾意识。

　　为扩大气象校本研学课程体系的科普效应，以及建立中小学生气象研学长效机制，2018 年 11 月，花都区气象局组织召开了中小学气象校本研学课程论证会。会上，广东省气象学会组织了 9 名气象、教

育方面的专家，对研学项目启动以来开发的其中 15 套适合中小学生的校本课程及配套教具进行了审定，校本课程及配套教具均获得专家们的一致认可。省气象学会副秘书长温晶对研学校本课程的专业化、研学成果的精细化的提升给予了很多指导与帮助，并力荐给气象出版社。气象出版社在科普知识凝练、框架编写、文稿配图等方面给予了大力的支持。花都区气象局领导十分重视校园研学及气象教材的出版工作，在广州市气象学会的帮助下组建了气象天文研学专家指导团队，努力发挥气象科普与教育教学的相互作用。在此非常感谢为《小学气象科普研学读本》付出辛勤劳动的各位领导和专家。

本书分"探知气象万千""感知科学智慧""气象科普实践"三个单元，从气象基本元素开始，共设置了 12 个课程。每个课程汇集了气象基础知识、与本课知识相关的拓展阅读、科学探究活动和生活中的气象思考。最后，融入科普基地参观记，力求让学生通过实践关注天气和气候，了解气象奥秘的同时，培养他们的观察实践能力、动手分析能力，为终生学习打下扎实基础。

编写组

2020 年 12 月 3 日

# 目录

# 第一单元
# 探知气象万千

# 第一课 云——天气的线索

云的形态各异，变化多端，自古以来就吸引了人们欣赏和探究的目光。中国的"观云"历史源远流长。中国是世界上较早对云进行观测、记录和分类的国家之一。早期的农耕社会，生产力低下，农作物收成受天气影响较大，聪明的古人在耕作实践中逐渐认识到从云中可以找到天气的线索。

## ☆ 科普知识

### 一、什么是云

云，是大气中的水蒸气遇冷液化成的小水滴或凝华成的小冰晶所混合组成的漂浮在空中的可见聚合物。

### 二、云是怎样形成的

云是一种自然现象，是地球上庞大的水循环的有形结果。太阳照在地球的表面，水受热蒸发变成水汽，一旦空气中水汽过度饱和，水分子就会聚集在空气中的微尘周围，液化成小水滴或凝华成小冰晶。当小水滴或小冰晶聚集达到一定浓度时，就会形成我们肉眼可见的一团团"白雾"，这就是云。

### 三、云有多少种

从云底的高度上，可分为低云、中云和高云。

○ 低云：大多是由水滴组成，云底高度一般在 2500 米以下。

○ 中云：多由水滴和冰晶混合组成，云底高度一般在 2500 ~ 5000 米。

○ 高云：基本上是由冰晶组成，云底高度在 5000 米以上。

2500 米以下

2500~5000 米

5000 米以上

从云的形成过程和外观形态上，可分为积状云、层状云和波状云。

○ 积状云：看起来蓬松、洁白，像一团团棉花漂浮在空中。

○ 层状云：个头庞大，平铺天空，像一张毯子。

○ 波状云：常以洁白丝缕状的形态出现，散乱地悬在高空。

积状云

层状云

波状云

层状云　　　积状云　　　波状云

高云　毛卷层云　　毛卷云　　卷积云

美图赏析

中云　透光高层云　　英状高积云

低云　层云　　淡积云　　积云性层积云

# 拓展阅读

## 一起学习云的谚语

　　天气谚语，是以成语或歌谣形式在民间流传的有关天气变化的俗语。天气谚语基本上是农业社会的产物，通过口述或笔记的方式，将历史过程的天气规律总结成韵文，来指示明天是天朗气清还是风雨飘移。因为大多数天气谚语是由当地规律总结而成的，所以具有地区局限性。但是，在一些特殊条件下，天气谚语还是具有一定指示意义的，可在日常生活中参考使用。

炮台云，雨淋淋。

云交云，雨淋淋。

江猪过河，大雨滂沱。

鱼鳞天，不雨也风颠。

天上钩钩云，地上雨淋淋。

天上灰布悬，雨丝定连绵。

清早宝塔云，下午雨倾盆。

朝霞不出门，晚霞行千里。

西北开天锁，明朝大太阳。

日晕三更雨，月晕午时风。

了不起的先祖智慧

# 探究活动

## 把云装进瓶子里

**道具：** 有盖子的大口玻璃瓶、火柴、冰块、热水。

**步骤：**

1. 将热水倒入瓶中，水量大致为瓶身的三分之一。

2. 点燃火柴，然后把火柴直接抛入热水中，火柴会在水中熄灭。

3. 玻璃瓶瓶口处封上盖子，将冰块放置在盖子上。

4. 仔细观察瓶内的变化，可看到白色的絮状物在慢慢产生。

5. 拿开盖子，白色的雾气从瓶口处冒出来，就像白云一样。

扫描二维码
查看制作过程

**思考：**

**能把云装进瓶子里是运用了什么原理呢？**

①

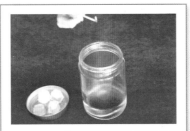

②

③

④

⑤

# 看云测天小·手工

道具："看云测天"手工道具。

**步骤：**

1️⃣ 拿出"看云测天"手工道具。

2️⃣ 把手工纸模裁剪好。

3️⃣ 裁剪好后把两个圆组合起来。

4️⃣ 用小圆扣把中心固定好，就完成了。

扫描二维码
查看制作过程

剪刀

纸膜

①

②

③

④

# 生活中的气象

## 我和云朵有个约会

拍下你喜欢的云，打印出来贴在框内，并说出这是哪一种云，它有什么形态特征？

**云的种类：**

- - - - - - - - - - - - - - - - - - - - - - - - - - - - - - - - - - - - - - - - - - - - - -

- - - - - - - - - - - - - - - - - - - - - - - - - - - - - - - - - - - - - - - - - - - - - -

**云的形态与特征：**

- - - - - - - - - - - - - - - - - - - - - - - - - - - - - - - - - - - - - - - - - - - - - -

- - - - - - - - - - - - - - - - - - - - - - - - - - - - - - - - - - - - - - - - - - - - - -

# 第二课 雨——水滴的旅程

雨是一种液态降水，是从云中降落到地面的水滴。

## ☆ 科普知识

### 一、雨从哪里来

陆地和海洋表面的水蒸发变成水蒸气，水蒸气上升到一定高度之后遇冷液化成小水滴，这些小水滴组成了云。小水滴在云里互相碰撞，合并成大水滴。当它们大到空气托不住的时候，就从云中落了下来，形成了雨。

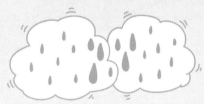

## 二、雨的成分

雨的主要成分是水，其中溶解有少量二氧化硫、二氧化氮。通常雨的 pH 值约为 5.6，pH 值小于 5.6 的雨为酸雨，如遇雷雨天气，雨中会含有少量臭氧分子（闪电时产生）。此外，雨中还含有空气中各种各样的杂质和浮尘。因而，直接饮用雨水可是会生病的。

## 三、雨有多少种

依据降水形成的原因和形式，降雨可分为对流雨、锋面雨、地形雨、台风雨。

○ 对流雨：地表空气受热在上升的过程中冷却而导致的降雨。

○ 锋面雨：两个温度和湿度不同的气团相遇，造成热气团上升而形成的降雨。

○ 地形雨：空气移动过程中遇到地形阻挡，在迎风面上升冷却形成的降雨。

○ 台风雨：热带海洋上的风暴带来的降雨。

对流雨

锋面雨

地形雨

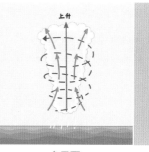
台风雨

根据 24 小时降水量的多少，降雨可分为微量降雨（零星小雨）、小雨、中雨、大雨、暴雨、大暴雨和特大暴雨。

| 降雨等级表 | |
|---|---|
| 级别 | 24 小时降雨量（毫米） |
| 微量降雨（零星小雨） | < 0.1 |
| 小雨 | 0.1~9.9 |
| 中雨 | 10.0~24.9 |
| 大雨 | 25.0~49.9 |
| 暴雨 | 50.0~99.9 |
| 大暴雨 | 100.0~249.9 |
| 特大暴雨 | ≥ 250.0 |

## 四、雨和我们的生活

雨是人类生活中最重要的淡水资源，植物也要靠雨露滋润而茁壮成长。但雨下得太多就会引起很多麻烦，也会给人类带来巨大的灾难。

### 如果雨量适当

| 灌溉农作物，利于植物生长 | 清新空气，降低气温 | 给陆地生物带来淡水 | 一定程度降低噪音危害，营造安宁的环境 | 补充水库蓄水，地下水及河、湖的水量，有利于航运和发电 |
|---|---|---|---|---|

### 如果雨量过多

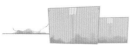

空气潮湿，物品极易受潮霉烂

引起路面打滑，易造成交通事故

持续的雨天也会影响人的情绪，使人觉得烦闷、压抑

加剧水土流失，引发山体滑坡、泥石流等自然灾害

河、湖水位上涨，引发洪涝灾害

思考：

同学们，大家还知道哪些关于雨的利与弊呢？

## 拓展阅读

### 你知道诺亚方舟的故事吗?

　　《创世纪》记载了诺亚方舟的故事。创造世界之初,地上充满恶人,只有一位叫作诺亚的好人。上帝计划用洪水消灭恶人,他指示诺亚建造一艘方舟,带着妻儿和所有动物(含雌雄各一只)上方舟避难。当方舟建造完成后,大洪水也开始了。这时诺亚与他的家人,以及动物们皆已进入了方舟。洪水淹没了最高的山,在陆地上的生物全部死亡。220 天之后,洪水开始消退。诺亚放出乌鸦,但乌鸦并没有找到可以栖息的陆地。7 天之后,诺亚又放出鸽子,这次鸽子带回了橄榄枝,诺亚知道洪水已经退去。又等了 7 天之后,诺亚再次放出鸽子,但鸽子并没有返回方舟。诺亚一家人与各种动物便走出方舟。离开方舟之后,诺亚将一只祭品献给神。上帝闻见献祭的香气决定不再用洪水毁灭世界,并在天空制造了一道彩虹作为誓约,保证不再用洪水来毁坏一切有血肉之物了。

**探究活动**

## 测测雨有多大

让我们学会制作简单的雨量器，了解雨量器的工作原理。

**道具**：大透明塑料瓶、白纸、尺子、双面胶、小刀、剪刀、水。

**步骤**：

1 用小刀将塑料瓶切割成两部分（上短下长），再利用剪刀将这两部分的切口修剪整齐。

2 把塑料瓶的上部分倒扣在塑料瓶的下部分里面，作为雨量器的漏斗和盛水器。漏斗的作用是防止雨大时雨水从瓶中溅出来。

3 用尺子在纸上画出刻度，最小单位标至 1 毫米。用剪刀将宽约 2 厘米的刻度纸剪下（长度根据塑料瓶身长度确定）。

4 在刻度纸的背面贴上双面胶，把刻度纸垂直贴在塑料瓶外壁上。

5 至此，简易雨量器就制作好啦！使用时，需要往塑料瓶中倒入适量水，使水面与零刻度线平齐。

①

②

③

④

⑤

扫描二维码
查看制作过程

# 生活中的气象

## 同学们，让我们一起来记录雨量吧！

让我们尝试使用自制的雨量器，来测测雨量。当天气预报说即将有雨时，请把雨量器放在空旷的地方，以待收集雨水。等雨停之后，收回雨量器，读出雨量值，记录在下表中。注意：每次使用雨量器测雨量前，都要先往雨量器中加入一定量的水，保证水面与零刻度线相平。

| 雨量记录表 | | | | | |
|---|---|---|---|---|---|
| 日 期 | | | | | |
| 雨 量 | | | | | |
| 日 期 | | | | | |
| 雨 量 | | | | | |
| 日 期 | | | | | |
| 雨 量 | | | | | |
| 日 期 | | | | | |
| 雨 量 | | | | | |
| 日 期 | | | | | |
| 雨 量 | | | | | |
| 日 期 | | | | | |
| 雨 量 | | | | | |

# 第三课 风——地球的呼吸

风是无形的、神秘的，它让我们感受到大自然的温馨；风有时是强大的、凶悍的，它使我们敬畏甚至害怕它的愤怒。亚里士多德说，风是地球的呼吸。风随时随地可出现在我们的身旁，影响着我们。

## ☆ 科普知识

### 一、什么是风

风，其实就是指空气在水平方向上的流动。

### 二、风是怎样形成的

在我们生活的地球上，太阳辐射是最主要的热源。但是，各纬度接收的太阳辐射强度不同，导致地面受热不均匀，空气的冷暖程度也就不一样。暖空气密度小、质量小，向上升，冷空气密度大、质量大，往下降，在水平方向上就形成了气压差，空气便产生水平流动，从而形成了风。

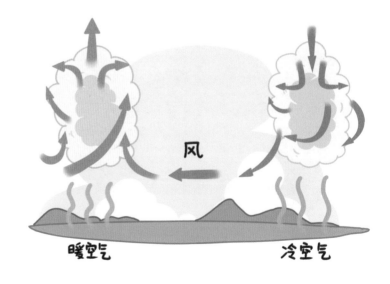

暖空气　　　　　　　冷空气

## 三、风的方向及大小

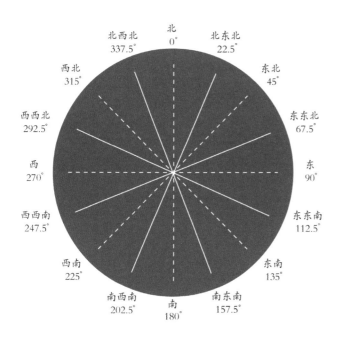

**风向方位图**

风向，是指风吹来的方向。例如，北风就是指空气自北向南流动。风向一般用 8 个方位（北、东北、东、东南、南、西南、西、西北）表示，观测上常用 16 个方位表示。

风速，是指风水平运动的速度，单位是"米 / 秒"或"千米 / 小时"。风力，表示风的强度，风速的大小是风力等级划分的依据。一般来讲，风速越大，风力等级越高，风的破坏性越大。

| 风级 | 0 | 1 | 2 | 3 | 4 | 5 | 6 | 7 | 8 | 9 | 10 | 11 | 12 |
|---|---|---|---|---|---|---|---|---|---|---|---|---|---|
| 名称 | 无风 | 软风 | 轻风 | 微风 | 和风 | 劲风 | 强风 | 疾风 | 大风 | 烈风 | 狂风 | 暴风 | 飓风 |
| 10米高处风速（米/秒） | 0～0.2 | 0.3～1.5 | 1.6～3.3 | 3.4～5.4 | 5.5～7.9 | 8.0～10.7 | 10.8～13.8 | 13.9～17.1 | 17.2～20.7 | 20.8～24.4 | 24.5～28.4 | 28.5～32.6 | 32.7～36.9 |

**风力等级示意**

# 四、风的利与弊

风无处不在，它给我们的生活增添了许多乐趣，也给我们带来了不少麻烦。但只要好好地了解它，避开锋芒，合理利用，风必然会为人类生活的更多领域撑起一把健康的保护伞。

## 有利影响

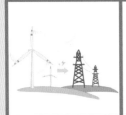    

| 风车提水、灌溉，风力发电 | 帮助植物授粉，繁衍生息 | 化身为"清洁工"，驱散污染 | 借用风的力量来使帆船航行 | 夏天的风使我们心旷神怡 |

## 不利影响

造成土壤的侵蚀，土地沙漠化

吹起地面沙尘，造成风沙天气

吹倒大树、房屋和庄稼

海上波浪滔天，掀翻万吨巨轮

大风使出行变得困难

思考：

大家还知道哪些风的利与弊呢？

## 拓展阅读

### 风级歌

零级烟柱直冲天，一级轻烟随风偏。

二级轻风吹脸面，三级叶动红旗展。

四级枝摇飞纸片，五级带叶小树摇。

六级举伞步行艰，七级迎风走不便。

八级风吹树枝断，九级屋顶飞瓦片。

十级拔树又倒屋，十一二级陆少见。

# 探究活动

## 一起动手做风向风速仪

**道具：风向风速仪零件包。**

**步骤：**

① 准备好所有风向风速仪零件。

② 取传动杆组件将其平行置入支柱上壳内，把限位销插入圆柱孔内。

③ 把支柱上下壳对齐，取圆头螺丝将传动杆组件锁紧在支柱中。

④ 支柱组件一端插入基座，将指示盘组件套入本体组件，装上风速指示表。

⑤ 将组合好的本体组件插入基座的导槽内，平行压紧。

⑥ 反转基座，取圆头螺丝将支柱和本体组件锁紧。

⑦ 将十字方向标、风标、风叶架中心圆孔对准传动杆组件一端，并套在支柱上。

⑧ 取温度计，将其插入基座的凹口内。便组装完成了。

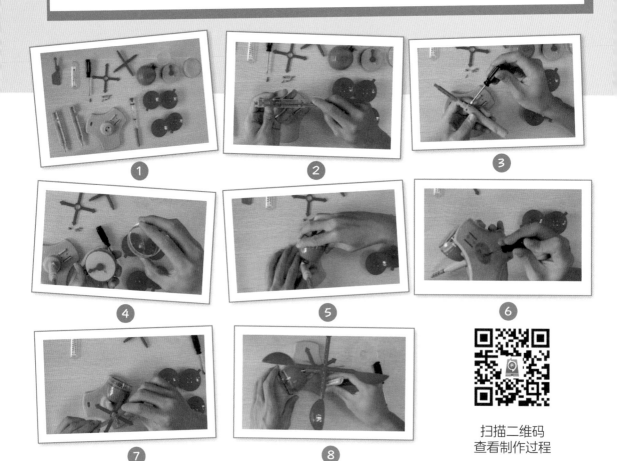

扫描二维码
查看制作过程

## 生活中的气象

# 风向风速仪的使用

首先，应尽量选择在自然风相对比较活跃的时间段进行测量，十字方向标箭头"E"需指向东方。将风向风速计放置于地面，保持垂直状态，风叶迎向风吹来的方向。当风标稳定时，箭头指着的方向就是风向。例如，指着"S"，那么当时吹的是南风（风从南方吹来）；风吹动风叶，速度指针所指刻度的读数就是当时风速的大小。

思考：
在什么情况下，你的风向风速仪转动得快呢？

| 风速记录表 | | | | |
|---|---|---|---|---|
| 序号 | 周围的环境 | 采用的方法 | 风的方向 | 风的速度 | 结论 |
| 1 | | | | | |
| 2 | | | | | |
| 3 | | | | | |

# 第四课 雷电——跳跃的精灵

在中国古代神话中，雷公电母敲打法器制造出雷电；在古希腊神话中，天神宙斯掌管着雷电云雨。真实世界中，雷电是受谁控制形成巨大威力的呢？今天，我们就来了解一下这个跳跃的小精灵——雷电。

 科普知识

## 一、雷电的产生

雷电是大气中的放电现象，多形成在积雨云中。积雨云随着温度和气流的变化会不停地运动，运动中摩擦生电，就形成了带电荷的云层。云的上部以正电荷为主，下部以负电荷为主。因此，云的上、下部之间形成一个电位差。当电位差达到一定程度后，就会产生放电现象；由于放电过程中温度骤增，使空气体积急剧膨胀，随之发生爆炸的轰鸣声，这就是闪电与雷鸣。

思考：
闪电和打雷是同时发生的吗？
为什么我们总是先看见闪电后听到雷声呢？

## 二、雷电的种类

云内闪电

云际闪电

云空闪电

云地闪电

根据闪电发生的空间位置，可分为云闪和地闪。

⚡ 云闪：不与大地和地物发生接触的闪电，包括云内闪电、云际闪电和云空闪电。

⚡ 地闪：云内电荷中心与大地或地物之间的放电过程，亦指与大地或地物发生接触的闪电。

根据闪电的形状，可分为线状闪电、片状闪电、带状闪电、联珠状闪电和球形闪电。

线状闪电

片状闪电

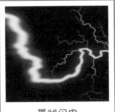
带状闪电

联珠状闪电

球形闪电

## 三、雷电的害处及益处

###  害处

　　雷电中蕴藏着巨大的能量，也具有非常大的破坏力。当雷电直击城市时，可能会破坏建筑物，损坏供电线路造成大范围停电。当雷电落在森林中时，它能够将树木点燃，引发森林大火。当雷电袭击人体或人体周围时，强大的电流会让人心脏骤停，造成人员伤亡。不仅如此，雷击还有可能造成仓储、炼油厂、油田等燃烧甚至爆炸；对航空航天等运载工具也威胁很大。

### 益处

　　雷电发生时，空气中的氮和氧会经电离和化合作用形成天然氮肥。雷电还能制造负氧离子，负氧离子可以起到消毒杀菌、净化空气的作用。此外，雷电产生的强大电位差能使植物光合作用和呼吸作用增强。

## 四、防雷小歌谣

○ 防雷小歌谣 ○

雷电天气莫等闲，防雷避雷记心间。
造房安装避雷针，太阳能须接地线。
防止雷电毁电器，出门拔掉电源线。
空旷地方把身缩，山脚水边最危险。
响雷不要打电话，关好门窗防未然。
水面最易遭雷击，躲在船舱避灾难。
跑步摩擦引雷电，身边金属是祸患。
切莫躲在大树下，高墙脚下更危险。
发生雷击莫慌张，人工呼吸能防患。
劝君牢记在心间，雷击天灾可避免。

# 拓展阅读

## 从天空中引闪电的人

1752 年的一个雷雨天，富兰克林将一个系着长金属导线的风筝放进雷雨云中，在金属线末端拴了一串银钥匙。当雷电发生时，富兰克林用手接近钥匙，钥匙上进出一串电火花，手上还有麻木感。通过不断地对比研究，富兰克林最终认为闪电和人工摩擦产生的电具有完全相同的性质。

富兰克林从而想到，若把一根数米长的细铁杆固定在高大建筑物的顶端，在铁杆与建筑物之间用绝缘体隔开，杆上拴一根粗导线，一直通到地下，这样，当雷电袭击房子的时候，电流就会沿着金属杆通过导线直达大地，房屋建筑得以完好无损。这就是"避雷针"。

避雷针的发明是早期电学研究中第一个有重大应用价值的技术成果。

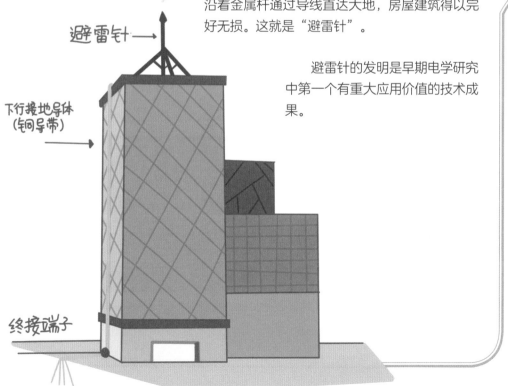

探究活动

## 魔法能量球

道具："能量球"道具。

步骤：

① 将"能量球"装上电池，打开开关，会看到"能量球"开始释放"能量"。

② 用你的手指触摸"能量球"，会看到光聚集在一起随手指移动，就像你的手指有"魔力"一样。

思考：
为何"能量球"的光会聚集在一起并随着手指移动？

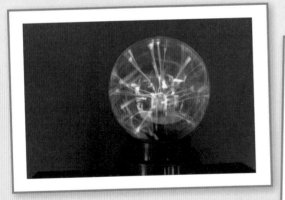

1

2

# 生活中的气象

## 我和跳跃小·精灵的距离

生活中摩擦起电的现象有哪些呢？

# 第五课 气温——冷暖的标签

气温是用来衡量地球表面大气温度分布状况和变化态势的重要指标，也是指导人们生活和生产活动的重要参考依据。

##  科普知识

### 一、什么是气温

气象学上把表示空气冷热程度的物理量称为空气温度，简称气温。地球热量主要来源于太阳辐射，太阳辐射到达地面后，一部分被反射，一部分被地面吸收，使地面增热；地面再通过辐射、传导和对流把热传给空气，这是空气中热量的主要来源。

### 二、气温的变化与测量

一天内气温的高低变化，称为气温的日变化。一天中气温的最高值与最低值之差，称为气温日较差。气温日较差的大小反映了气温日变化的程度。

○ 正确使用气温表的方法：

（1）将气温表悬挂在阳光照射不到且空气流通的地方。

（2）保持气温表悬挂处环境干燥。

（3）气温表静置一段时间、示数稳定后，读取数据。

（4）读数时让视线和液柱顶端保持齐平。

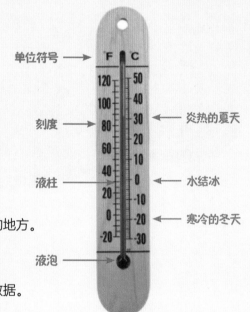

气温表

## 三、实际温度与体感温度

按照世界气象组织的规定，气象部门发布的气温是百叶箱中温度计所测量的温度。百叶箱需设在草坪上，离地面 1.5 米，周围较开阔，无高大建筑、树木等阻挡风或遮挡阳光。这样测得的气温，代表最真实的空气温度，即实际温度。

体感温度指人体感受到的空气温度，受空气湿度、风速、太阳辐射，以及个人着装、体质等多种因素影响，与实际环境的温度是存在出入的。

## 拓展阅读

### 高温

　　高温是指日最高气温达到或超过 35 ℃的天气现象，连续 3 天及以上的高温天气过程称为高温热浪（也称为高温酷暑）。

对于高温天气，我们应该如何做好防御呢？

室内要有良好的通风

避免暴晒，白天出门最好打伞、戴帽子、擦防晒霜

中午前后尽量减少户外活动

避免过度劳累，保证充足的睡眠

保证水分的充足摄入，并适当饮用淡盐水，以补充体内盐分

多食用含钾食物，如海带、豆制品、紫菜、土豆、香蕉等

积极治疗各种原发病，增强抵抗力，减少中暑诱发因素

随身携带藿香正气水、清凉油等降暑药物

若遇中暑患者，应立即将其移到通风阴凉处休息，给予适量水，严重者应及时就医

## 探究活动

收集气温数据

### 探究一：在同一时间不同地点气温的测量

气温收集表（一）

时间：　年　月　日　时

| 测量地点 | 教室里 | 楼道里 | 阳光下 | 大树下 |
|---|---|---|---|---|
| 气温（℃） | | | | |

思考：

室内外的温度相同吗？哪儿的温度高？
气温表放在什么位置测得的气温才能代表当
时的气温呢？

### 探究二：同一地点不同时间气温的测量

气温收集表（二）

地点：

| 测量时间 | 清晨 | 上午 | 中午 | 下午 | 傍晚 |
|---|---|---|---|---|---|
| 气温（℃） | | | | | |

思考：什么时间气温最高？什么时间气温最低？

一天中气温的变化有什么规律吗？

# ● 生活中的气象

## 伽利略温度计
### ——换种有趣的方式感知温度

18℃

伽利略温度计是一种由玻璃圆筒、透明液体及不同密度的重物所构成的温度计。温度计内液体密度会随环境温度改变，使得悬浮的重物上下位置发生变化。密度最低的重物会在最顶端，密度最高的在最底端。每个重物下方都挂着数字，读取温度时，找悬浮在空中的重物或者顶部最底端的重物的示数，即大约代表当时的环境温度。

22℃

26℃

# 第六课 湿度——水汽的饱和度

在炎热的夏季，我们常会觉得闷热难忍；而在寒冷的冬季，又会觉得干燥上火。大多数人认为这是因为温度变化导致的。其实，影响我们感受的并不仅仅是温度，空气湿度也是造成这一现象的主要原因。

 科普知识

## 一、什么叫湿度

湿度，表示空气中的水汽含量和潮湿程度的物理量。在一定温度下、一定体积的空气里含有的水汽越少，则空气越干燥；水汽越多，则空气越潮湿。空气湿度常用相对湿度来表示。

## 二、空气湿度的变化

人们在关心天气变化的时候，习惯只以气温的高低作为判断环境冷热的标准，但是，体感温度受多种气象要素的综合影响，湿度则为主要影响因素之一，所以，我们也需要关心空气湿度的变化。

我们以广州市花都区 2018 年数据为例。2018 年，花都区平均相对湿度最低的月份是 2 月，为 63.2%；最高的是 8 月，达到了 82.2%；7 月紧随其后，为 78.3%。因此，夏天"三伏"时节（7 月至 8 月中下旬），由于高温、高湿、低气压的作用，往往酷暑难消，使人更加难熬。

### 花都区 2018 年各月平均相对湿度

单位：%

| 年份 | 1 月 | 2 月 | 3 月 | 4 月 | 5 月 | 6 月 | 7 月 | 8 月 | 9 月 | 10 月 | 11 月 | 12 月 |
|------|------|------|------|------|------|------|------|------|------|-------|-------|-------|
| 2018 | 70.2 | 63.2 | 72.0 | 75.0 | 73.1 | 80.5 | 78.3 | 82.2 | 77.2 | 68.5 | 75.9 | 76.2 |

数据来源：广州市气象业务网

## 三、空气湿度与健康

　　研究表明，最有益于人体健康的湿度范围为 45%~80%，被称为"健康湿度"。当空气湿度低于 45% 时，室内空气干燥，容易引发呼吸道疾病。而当空气湿度高于 80% 时，则属于湿度过高，这时会影响人体散热，易引起体温升高、血管舒张、脉搏加快甚至出现头晕等症状，易诱发心脑血管疾病的急性加重。

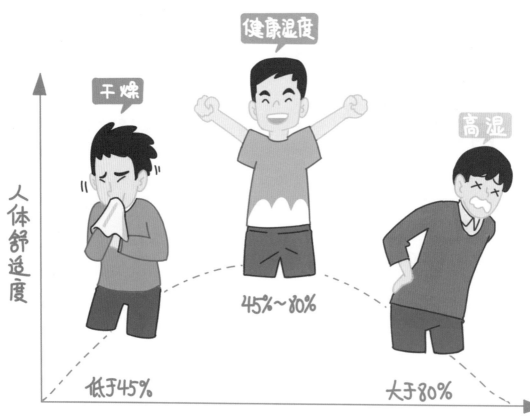

## 认识回南天

回南天，是一种天气返潮现象。每年3—4月，冷空气走后，暖湿气流迅速反攻，气温急速回升，空气湿度突然加大。这时，温暖潮湿的空气遇到室内冰冷的物体后，空气中的水汽在物体表面凝结成水滴，导致物体"出汗"现象。这样的天气一般能持续3~5天，甚至长达半个月。

回南天主要出现在我国华南地区，即广东、广西、福建、海南，这与华南地区靠海、空气湿润有关。它通常会以两种方式结束：一种是"冷性结束"，即冷空气再次南下，冲散暖湿气团，天气转冷；另一种是"暖性结束"，即天气继续变热，使环境温度整体一致，空气湿度达到一个新的平衡点。两种方式都能达到水汽不在物体表面继续凝结，"出汗"现象结束。

当我们观察到日平均气温低于12 ℃的低温阴雨天气持续3天以上，并急转为气温迅速回升的暖湿气流时，就要开始注意防潮了。

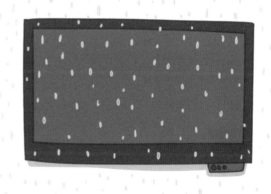

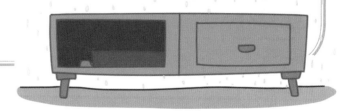

探究活动

回南天现象小·实验

道具：镜子、冷水、冰块、热水。

**步骤：**

❶ 将镜子放在冰水中浸泡一段时间，待镜面冰冷后取出，擦干镜面。

❷ 提前准备好一杯热水放于桌面。

❸ 把擦干后的镜面悬放于热水上方。

❹ 观察镜面出现的现象。

**得出的结论：**

# 生活中的气象

## 健康湿度·小·妙招

同学们，在室内要达到健康湿度，你能想到哪些小妙招呢？

### 情景一

> 回南天到来，家里的地板、墙壁都在"冒水"，室外大雾笼罩，不仅衣服久久不干，人也觉得憋闷异常。有什么办法能让家里不那么潮湿呢？

我来给妙招：

✦ ----------------------------------------

✦ ----------------------------------------

✦ ----------------------------------------

### 情景二

> 夏天"三伏"时节，空调的使用率大大提高，在享受空调带来凉爽舒适的同时，空调带来的干燥问题也随之而来。如何才能即开空调又避免干燥症状出现呢？

我来给妙招：

✦ ----------------------------------------

✦ ----------------------------------------

✦ ----------------------------------------

# 第七课 气压——空气大力士

空气是大力士？不会吧？空气是我们形影不离的好伙伴，可我们从来都看不到它，怎么能说它是大力士呢？别急，咱们现在就一起来见识见识空气的力气有多大！

## ☆ 科普知识

### 一、气压的产生

在我们生活的地球上，有一层厚厚的气体包围着坚实的土地，保护着地球上的生命，这一层厚厚的气体，人们通常称之为大气层。大气受到重力作用且具有流动性，因此在大气的内部存在着向各个方向的压强，这个压强叫作大气压强，简称"气压"或"大气压"。

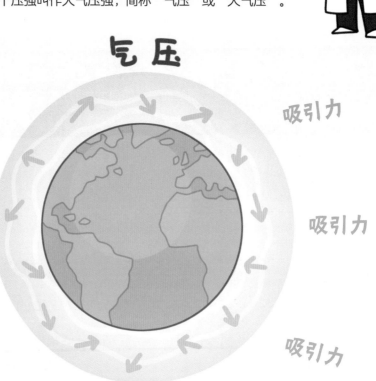

## 二、气压的作用

思考：
你身边还有哪些现象运用了气压？

大气压

风的形成

用吸管吸水

吸盘挂钩

钢笔吸墨

## 三、气压与天气的关系

气压的高低及其变化趋势，与天气变化有着密切关系。气压是天气预报中重要的气象要素之一。在一般情况下，气压升高，意味着空气下沉运动发展，导致空气体积压缩、温度升高，不利于云雨的形成，因此高气压控制的地区常常是晴好天气；相反，气压下降，意味着空气上升运动的发展，导致空气体积膨胀、温度降低，易形成云雨，因此低气压控制的地区往往阴雨绵绵。

高气压

# 拓展阅读

## 马德堡半球实验

1654年5月8日，德国马德堡市长奥托·冯·格里克通过半球实验证明了大气的巨大压强。格里克与助手先将两个直径一尺多的黄铜半球壳灌满水后合在一起，然后用泵抽出半球之间的水，使球内形成真空。这时，周围的大气把两个半球紧紧地压在一起。结果用了16匹大马组成马队，背道而拉才终于把两个半球分开。

原来抽气前，球内外都有大气压力的作用，因此相互抵消了，但当球内形成真空后，球内没有向外的大气压力，而球外的大气压仍然存在，并把两个半球紧紧地压在一起，所以必须用很大的力才能将其拉开。通过这次实验，人们终于相信大气有着惊人的压力。

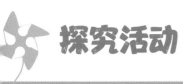

# 探究活动

## 探寻大气压

道具：透明的杯子，硬纸片，水。

**步骤：**

1. 将杯子盛满水。
2. 将硬纸片盖于杯口。
3. 用手扶着纸片将杯子倒过来。
4. 放开扶纸片的手，观察会出现什么情景。

# 马德堡半球小·实验

**道具：马德堡半球道具包。**

**步骤：**

1. 准备实验器材。

2. 将软管套在注射器嘴上。

3. 将单向排气阀接到软管上（排气阀微凸起的那面朝向注射器）。

4. 将另一根软管接在单向排气阀另一面。

5. 把两个半球中间垫上密封圈后合并在一起，并接在软管上。

6. 用手把球体捏紧，拉出注射器活塞，把球内气体抽空（如果这个时候感觉拉活塞有阻力，说明密封圈安装正确，否则请重新安装密封圈）。

7. 当活塞拉不动之后，把钥匙圈和挂钩固定在半球两端，手提钥匙圈，挂钩挂上重物，尝试能否将重物吊住。

扫描二维码
查看制作过程

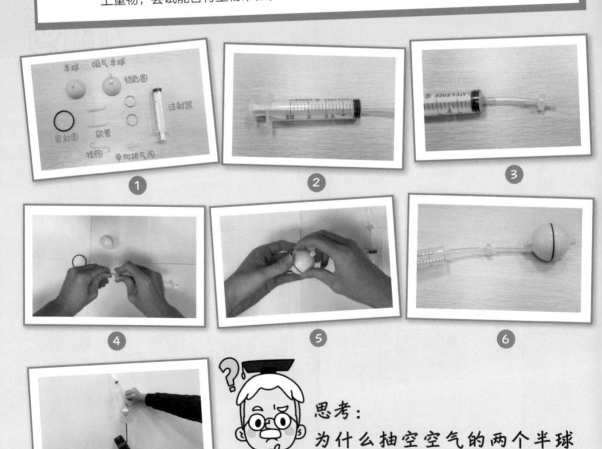

思考：
为什么抽空空气的两个半球能吊起重物？

# 生活中的气象

## 小·试验、悟原理

### 实验一

双手分别捏着两张纸的一端，使它们垂挂在胸前，沿两张纸中间向下吹气。

同学们，你预测的现象是什么？

- - - - - - - - - - - - - - - - - - - - - - - - - - -

做完实验你看到了什么现象？

- - - - - - - - - - - - - - - - - - - - - - - - - - -

你认为是什么原因导致这种现象呢？

- - - - - - - - - - - - - - - - - - - - - - - - - - -

### 实验二

拿一张纸，将它放在下嘴唇底下，沿着纸的上表面用力吹气。

同学们，你预测的现象是什么？

- - - - - - - - - - - - - - - - - - - - - - - - - - -

做完实验你看到了什么现象？

- - - - - - - - - - - - - - - - - - - - - - - - - - -

你认为是什么原因导致这种现象呢？

- - - - - - - - - - - - - - - - - - - - - - - - - - -

# 第八课 四季的变换——度春秋，历寒暑

四季更替，万物更新。我们每年都会经历春、夏、秋、冬的变化，它们是怎样形成的呢？

地球绕太阳旋转称为公转，地球绕自转轴自西向东旋转称为自转。科学家们发现，地球公转的轨道是椭圆形的，而且这个轨道和地球自转的平面有一个夹角。当地球处在公转轨道上不同的位置时，地球上每个地方接收到太阳辐射的热量也不同，从而产生了冷热的差异和季节的变化。

## ☆ 科普知识

### 一、四季是如何划分的

根据地球公转轨道的周期性，发现在春分、夏至、秋分、冬至时昼夜长短存在特殊性，即：

春（秋）分——太阳直射赤道，全球昼夜等分。

夏至——太阳直射北回归线，北半球昼最长、夜最短，北极圈内出现极昼；南半球昼最短、夜最长，南极圈内出现极夜。

冬至——太阳直射南回归线，南半球昼最长、夜最短，南极圈内出现极昼；北半球昼最短、夜最长，北极圈内出现极夜。

因此，天文学上就将春分、夏至、秋分、冬至4个时间节点作为划分四季的标准，这就是天文划分法。

此外，还可根据气温变化划分四季。当某地候温（连续 5 天的平均温度）升至 10 ℃以上（低于 22 ℃）时为春季；候温升至 22 ℃及以上时为夏季；候温降至 22 ℃以下（高于 10 ℃）时为秋季；候温降至 10 ℃及以下时为冬季，这是物候划分法。

在我国，气象上为了便于统一分析，常用的四季划分法与欧美各国一致。即把 3—5 月定为春季，6—8 月定为夏季，9—11 月定为秋季，12 月至次年 2 月定为冬季。

## 二、四季变化的影响

四季是循环交替变化的，四季变化对动植物和人类生活有哪些影响呢？

### 四季变化对人类的影响

说一说：你在一年四季中着装的变化，为什么会有这样的变化呢？

**看一看：下图中人们的生活方式分别发生在什么季节？**

思考：
四季的变化对人们的起居饮食、出行交通、
生理变化等方面还有哪些其他的影响呢？

四季变化对植物的影响

观察植物在四季变化过程中的特征变化

思考：

你还能说出哪些在四季变化过程中特征变化明显的代表性植物呢？

**四季变化对动物的影响**

说出下图天鹅在一年四季中的变化及其原因

思考：

还有哪些动物和天鹅一样，有随着季节的变化而迁徙的习性？

## 三、广州的气候特征

　　广州地处亚热带沿海地区，北回归线从其中南部穿过，属海洋性亚热带季风气候，以温暖多雨、光热充足、夏季长、霜期短为气候特征。全年平均气温为 20 ~ 22 ℃，一年中最热的月份是 7 月，月平均气温达 28.7 ℃，最冷月为 1 月份，月平均气温为 13.5 ℃，是中国年平均温差最小的大城市之一。

　　广州的春季（3—5 月）气温和降水量均处在上升时期，也是天气交替变化的季节，天气的不稳定性很大，雨季一般在 4 月就开始了；夏季（6—8 月）由于受海洋气团的影响会带来丰沛的雨水，其中 6 月出现暴雨的机会甚多，在每年的 7—8 月是受热带气旋影响的主要时段；秋季（9—11 月）冷空气开始影响广东，广州气温逐渐下降，此时多晴朗、少降水，但 9 月受热带气旋的影响仍比较多；冬季（12 月至次年 2 月）是广州的干季，盛行东北风或北风，降水少，光照充足。

# 拓展阅读

## 二十四节气

二十四节气是中国古代订立的一种用来表示季节变迁及指导农事的历法，是中国古代劳动人民长期经验的积累和智慧的结晶。二十四节气是根据太阳在黄道（即地球绕太阳公转的轨道）上的位置来划分的，每个节气都代表了一个典型的气候特征。让我们一起来学习《二十四节气歌》吧！

### 二十四节气歌

春雨惊春清谷天，夏满芒夏暑相连。
秋处露秋寒霜降，冬雪雪冬小大寒。
每月两节不变更，最多相差一两天。
上半年来六廿一，下半年是八廿三。

## 拓展阅读

### 冬至起源与习俗

冬至，是北半球白天最短、黑夜最长的一天，它就像一个转折点，从这一天起，黑夜渐短，白昼渐长。早在春秋时代，中国就已经用土圭观测太阳，测定出了冬至，它是二十四节气中最早定出的一个，时间在每年的 12 月 21—23 日，也是中华民族的一个传统节日。

殷周时期，规定冬至前一天为岁终之日，冬至节相当于春节。后来虽实施了夏历，但冬至一直排在二十四节气的首位，称之为"亚岁"。

人们最初过冬至节是为了庆祝新的一年的到来。古人认为自冬至起，天地阳气开始兴作渐强，代表下一个循环开始，是大吉之日。因此，后来一般春节期间的祈福、祭祖、贺冬、家庭聚餐等习俗，也往往出现在冬至。把冬至作为节日来过源于汉代，盛于唐宋，相沿至今。

冬至当日，我国有"北吃饺子，南吃汤圆"的习俗。在我国北方，不论贫富，饺子是必不可少的团圆饭，故有"冬至到，吃水饺"之说。而南方则有吃汤圆的习俗，江南一带有民谣说："大冬大似年，家家吃汤圆，先生不放学，学生不把钱。"冬至之夜，家家户户团聚一起，置办一桌丰盛的饭菜，佳肴美酒，全家人吃冬至夜饭。

思考：
同学们，大家还知道什么节气及哪些传统习俗呢？

# 探究活动

## 我的四季校园——植物篇

### 校园植物观察记录单

校园里植物＿＿＿＿＿的样子

第＿＿＿＿组 ＿＿＿＿年 ＿＿＿＿月＿＿＿＿日

（粘贴照片）

1. 猜想其他季节时的样子是：

＿＿＿＿＿＿＿＿＿＿＿＿＿＿＿＿＿＿＿＿

＿＿＿＿＿＿＿＿＿＿＿＿＿＿＿＿＿＿＿＿

＿＿＿＿＿＿＿＿＿＿＿＿＿＿＿＿＿＿＿＿

＿＿＿＿＿＿＿＿＿＿＿＿＿＿＿＿＿＿＿＿

2. 为何不同季节有不同的样子，我是这样认为的：

＿＿＿＿＿＿＿＿＿＿＿＿＿＿＿＿＿＿＿＿＿＿＿＿＿＿＿＿＿＿＿＿＿＿＿＿＿＿＿＿

＿＿＿＿＿＿＿＿＿＿＿＿＿＿＿＿＿＿＿＿＿＿＿＿＿＿＿＿＿＿＿＿＿＿＿＿＿＿＿＿

＿＿＿＿＿＿＿＿＿＿＿＿＿＿＿＿＿＿＿＿＿＿＿＿＿＿＿＿＿＿＿＿＿＿＿＿＿＿＿＿

＿＿＿＿＿＿＿＿＿＿＿＿＿＿＿＿＿＿＿＿＿＿＿＿＿＿＿＿＿＿＿＿＿＿＿＿＿＿＿＿

注：可用文字描述你的想法，也可用绘画画出你的想法。

# ● 生活中的气象

## 画出心中最美的季节

# 第二单元

# 感知科学智慧

# 第一课 认识地面气象观测站

这是地面气象观测站，是获取地面气象资料的主要站场。它有 25 米 ×25 米的平整场地，气象工作者在这里借助仪器对云和近地面的大气状况及其变化进行连续的、系统的观察和测定。

## 科普知识

辨认气象观测仪器

气象观测仪器是用于气象监测和预报等气象业务领域的专业设备，主要有风向风速塔、雨量传感器、风廓线雷达、测云仪、日照计、能见度仪、百叶箱等。

这是 EL 型风向风速塔，它有 10 米高，能测量风向和风速。

这是翻斗式雨量传感器，是能自动测量降水量的仪器。在测量过程中，当翻斗承受的降水量为 0.1 毫米时，翻斗就会翻转一次，这样就送出去一个信号，即告知产生了 0.1 毫米的降水。

这是风廓线雷达，又叫风廓线仪，是主要以晴空大气作为探测对象，对大气风场等物理量进行探测的设备，是应用微波遥感探测原理实现自动化大气探测的先进装备。

这是激光雷达测云仪，主要是测量云底高度、云的层数、云的形状等。

这是暗筒式日照计，太阳光穿过小孔射入筒内，使感光纸感光，这样就可以测出一天中太阳所照射地面时间的长短。

这是前向散射式能见度仪，能对能见度进行实时检测，准确地反应大气的浑浊程度。它已广泛应用于天气分析、交通运输等领域。

这是百叶箱，里面装着温度计和湿度计。它的作用是防止太阳对仪器的直接辐射和地面对仪器的反射辐射，保护仪器免受强风、雨、雪等的影响，并使仪器感应部分有适当的通风，能真实地感应外界空气温度和湿度的变化。

思考：
同学们，大家还知道哪些气象观测仪器呢？

## 拓展阅读

### 相风乌和铜凤凰

　　我国风向器的发明很早，商朝时，人们已利用旗上的飘带来观测风向，同时已有四面风的概念。秦朝宫中的观台上有相风铜乌，汉朝承袭下来，汉初称为清台，后来改为灵台，相风铜乌一直使用。在汉、魏、晋这些朝代，相风乌不仅是宫廷用具，也流传到郡县、藩国和民间。晋代皇帝出行，有人举着相风乌走在仪仗队的前头。

　　汉代的风向器也称"铜凤凰"或"铁鸾"，工艺逐渐成熟，仪器状态稳定。汉代建章宫的凤凰阙上装了两个铜凤凰，铜凤凰的下面有转枢。风来的时候，铜凤凰的头会向着风，好像要飞的样子，它类似于今日的风向标。当时尚未见有风级的区分，但是汉代的铜凤凰和相风乌实可认为是近世风速计的最早雏形。

　　测风不单观测风向，也观测风力大小。这是因为风力大往往具有破坏性。在唐代，已经开始利用地面物体受风影响所表现的破坏程度来表示风力大小，根据《乙巳占》，当时把风力分为 8 级，再加上"无风"和"和风"两级，合为 10 级，比近代国际上著名的蒲福风力表早很多年。

# 探究活动

## 制作气象自动观测站

道具：　"气象自动观测站"道具包，剪刀，双面胶。

步骤：

① 准备好气象自动观测站手工道具。

② 把手工纸模裁剪好，并使用双面胶固定围栏。

③ 把观测站仪器依次贴入指定位置。

④ 气象自动观测站就完成了。

扫描二维码
查看制作过程

①

②

③

④

# 生活中的气象

## 画天气

7月时节，多地已进入夏季，雷阵雨等天气增多。你能试着将7月的天气做一个记录吗？记录完成后，再将该月的天气情况做一个统计吧！

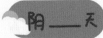

# 第二课　天气预报那些事儿

我们每天出门前，都会关注天气预报。天气预报，不仅可以预测 24 ~ 48 小时的较准确的天气变化，还可以预测一个地区 1 ~ 2 周的大体天气状况。那么天气预报是怎么来的？接下来，我们一起去了解天气预报的那些事儿。

## 科普知识

### 一、什么是天气预报

天气预报就是应用大气变化的规律，根据当前及近期的天气形势，对某地未来一定时期内的天气状况进行预测。它是预报员根据各地气象观测资料绘制成天气图及各种图表，再结合卫星云图、雷达探测资料和数值天气预报结果进行综合分析，然后进行天气会商，最后由首席预报员归纳、综合判断，总结出预报结论的过程。人们根据天气预报，可以适时安排生产和生活，在气象为国民经济建设服务、减少气象灾害的损失、保障人民生命财产安全等方面具有极大的社会和经济效益。

### 二、天气预报的种类

按预报时限长短，天气预报可分为：短时临近预报（0~12 小时）、短期预报（3 天之内）、中期预报（4~10 天）、延伸期预报（10~30 天）、长期预报（1 个月以上）。

# 三、天气预报制作流程

## 1 气象资料的收集

通过气象卫星、气象雷达、飞机、航船、地面气象观测站等组成的综合气象观测系统，连续观测（探测）大气从而收集资料。

## 2 气象资料的传输、分析和计算

收集到的气象资料通过专用网络，传输至气象台，气象工作人员对实时观测资料进行分析，计算出未来可能出现的天气变化。

## 3 通过天气会商得出结论

各地气象预报员通过每日的会商，讨论交流预报结果，并统一出预报结论，发送至各大媒体，并播报给大众。

# ○ 拓展阅读

## 一起认识气象之父——竺可桢

　　竺可桢（1890—1974 年），出生于浙江绍兴。他被誉为"气象之父"，创办了北极阁气象台，是中国近代地理学和气象学的奠基人、历史气候学的创始人、中国现代教育的先行者和实践家。

　　竺可桢的一生，始终贯穿着"求是"精神，始终践行着"水滴石穿"与"一丝不苟"的座右铭。从 1917 年在哈佛大学读书时，他就养成了每天都要记日记的习惯。他的日记主要记录了气象研究的各种资料。可惜的是，因为战乱年月，只保存下来了 1936 年至 1974 年 2 月 6 日的日记，共有 38 年零 37 天，约 800 万字。他每一天的日记都是一丝不苟地记录着自己的气象观察、阅读和感悟所得等。

　　作为气象学家，他在记录每天的各种活动时，总会写到天气的变化。例如，谁在讲话时，突然外面雷声隆隆；某一次活动时，天气本来是微雨，忽然转为大雨，不一会儿又雨过天晴了……他的日记对中国近现代科学史，特别对中国气象史、浙江大学校史、中国科学院院史的研究，都具有翔实、可靠的资料价值。

**探究活动**

## 获取天气预报

　　我们可以访问中国天气网，或者手机下载"中国天气"等软件获取天气预报信息。也可通过关注微信公众号，例如搜索关注"花都天气"公众号或"花都气象"订阅号获取花都天气预报。

中国天气

11月19日(4日)

-2～9℃

中国天气　weather.com.cn

## ○ 生活中的气象

一起来当天气预报播报员

　　大家好，我是天气预报播报员＿＿＿＿＿＿，很高兴跟大家见面，下面我为大家播报明天＿＿＿＿＿市＿＿＿＿＿区的天气情况：

　　明天是＿＿月＿＿日，星期＿＿，农历＿＿＿＿月＿＿，＿＿＿＿天，最高气温＿＿℃，最低气温＿＿℃，吹＿＿＿＿＿＿（方向）风，风力＿＿＿＿级，空气质量＿＿＿，大家出门一定要＿＿＿＿＿＿＿＿＿＿＿＿＿＿＿。

　　感谢收听，我们下次再见！

第三单元

气象科普实践

# 第一课 气象科普总结课

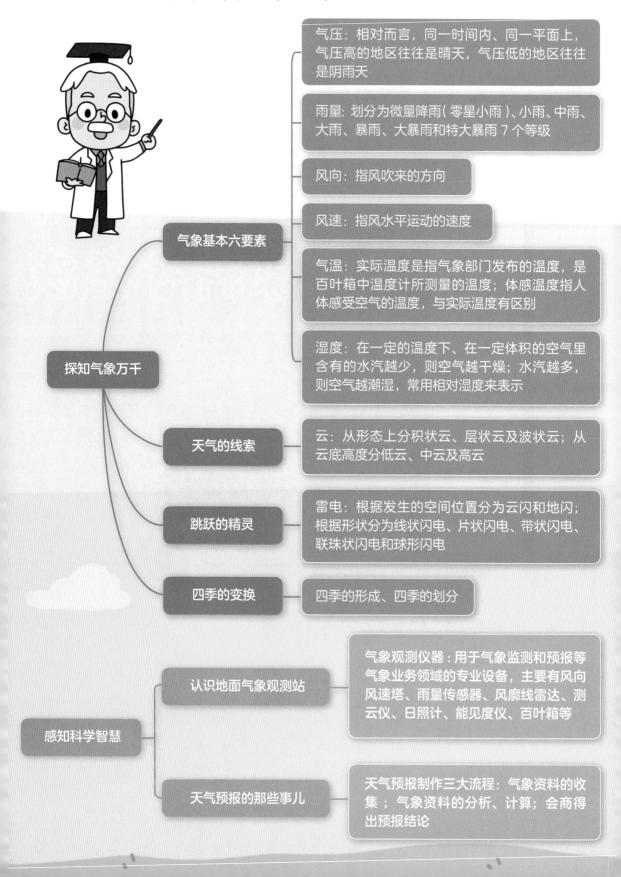

**气象基本六要素**

气压：相对而言，同一时间内、同一平面上，气压高的地区往往是晴天，气压低的地区往往是阴雨天

雨量：划分为微量降雨（零星小雨）、小雨、中雨、大雨、暴雨、大暴雨和特大暴雨 7 个等级

风向：指风吹来的方向

风速：指风水平运动的速度

气温：实际温度是指气象部门发布的温度，是百叶箱中温度计所测量的温度；体感温度指人体感受空气的温度，与实际温度有区别

湿度：在一定的温度下、在一定体积的空气里含有的水汽越少，则空气越干燥；水汽越多，则空气越潮湿，常用相对湿度来表示

**探知气象万干**

**天气的线索**

云：从形态上分积状云、层状云及波状云；从云底高度分低云、中云及高云

**跳跃的精灵**

雷电：根据发生的空间位置分为云闪和地闪；根据形状分为线状闪电、片状闪电、带状闪电、联珠状闪电和球形闪电

**四季的变换**

四季的形成、四季的划分

**感知科学智慧**

**认识地面气象观测站**

气象观测仪器：用于气象监测和预报等气象业务领域的专业设备，主要有风向风速塔、雨量传感器、风廓线雷达、测云仪、日照计、能见度仪、百叶箱等

**天气预报的那些事儿**

天气预报制作三大流程：气象资料的收集；气象资料的分析、计算；会商得出预报结论

## 一、通过一个学期的学习，你有什么收获？

------------------------------------------------

------------------------------------------------

## 二、你觉得课程中最有趣的是哪一课？

------------------------------------------------

## 三、你集赞了吗？

每一节课的赞都集在这里哦

| 1 | 2 | 3 | 4 | 5 | 6 | 7 | 8 |
|---|---|---|---|---|---|---|---|
| 9 | 10 | 11 | 12 | 13 | 14 | 15 | 16 |
| 17 | 18 | 19 | 20 | 21 | 22 | 23 | 24 |
| 25 | 26 | 27 | 28 | 29 | 30 | 31 | 32 |
| 33 | 34 | 35 | 36 | 37 | 38 | 39 | 40 |
| 41 | 42 | 43 | 44 | 45 | 46 | 47 | 48 |
| 49 | 50 | 51 | 52 | 53 | 54 | 55 | 56 |
| 57 | 58 | 59 | 60 | 61 | 62 | 63 | 64 |

# 第二课　气象天文科普馆参观记

## 一、科普馆简介

　　广州市花都区气象局气象天文科普馆（以下简称科普馆）是依托花都区新国家气象综合观测站进行建设的公益性基础设施。场馆主要突出公共气象、安全气象、资源气象的理念，遵循"科学性、知识性、趣味性、互动性、实用性、可持续性"的现代科普设计风格，利用现代高科技展示手段——AR技术、LCD及LED显示、投影、交互展示等声光电手段吸引观众，营造超验环境，促进互动，充分展现气象在防灾减灾、应对气候变化及开发利用气候资源方面的重要作用。

　　科普馆共5大区域、7大主题、31个展项，以气象、天文、防灾减灾、气候变化、绿色低碳等为主要架构，将深奥的科学知识提炼演化为生动有趣的科普互动产品，是一座综合性强、内容丰富的科普教育基地，荣获"全国中小学生研学实践教育基地""全国十大优秀气象科普基地""全国气象科普教育基地""广东省中小学生研学实践教育基地""广东省科普教育基地""广州市科学技术普及基地""广州市爱国主义教育基地"等多个称号。

## 二、请留下你的参观笔记

1. 花都区内有 _____ 个气象自动观测站。

2. 今天是 ____ 月 ____ 日，星期 ___，最高温度 ____℃，最低温度 ____℃，相对湿度 ____%，气压 ____ 百帕，吹 ____（方向）风，风力 ____ 到 ____ 级。

3. 被誉为气象之父的是 _____。

4. 广州市位于北纬 _____，属于 _____ 气候，夏季 _____，冬季 _____。

5. 台风到来的时候一般有 3 大"帮凶"，分别是 _____、_____、_____。

6. 水循环有 3 个环节，分别是：_____、_____、_____。

7. 当气象部门发布 _____、_____、_____、_____ 气象预警信号时，幼儿园和中小学校停课。

8. 低碳生活有哪些妙招？请说出 4 个。

_____；

_____；

_____；

_____。

9. 八大行星中，距离太阳最近的行星是 _____。

10. 中国第一位登上太空的宇航员是 _____；中国第一位登上太空的女宇航员是 _____。

## 三、你觉得哪一个展项最有趣，为什么？

-----------------------------------------------------------------

-----------------------------------------------------------------

-----------------------------------------------------------------

## 四、请你为本次的参观做出评价